Patrones en el cielo

Lecciones 1 y 2

Lección 1
¿Qué planetas orbitan el Sol?............... 2

Lección 2
¿Qué patrones siguen la
Tierra y el Sol?........................ 12

¡Visita *The Learning Site!*
www.harcourtschool.com

Lección 1

¿Qué planetas orbitan el Sol?

VOCABULARIO

planeta
orbitar
telescopio
luna
sistema solar

Un **planeta** es un cuerpo celeste grande que se traslada alrededor de una estrella. Este es el planeta Saturno.

Trasladarse alrededor de un objeto es **orbitar**. Este planeta orbita el Sol.

Un **telescopio** es un instrumento que usan los científicos para ver objetos muy lejanos. Los objetos se ven más cerca y más grandes cuando se observan con un telescopio.

El **sistema solar** es el Sol y todo lo que lo orbita. El sistema solar incluye nueve planetas y sus lunas.

Una **luna** es un cuerpo celeste grande que orbita un planeta. La Tierra tiene una luna que la orbita.

> **DESTREZA DE LECTURA**
> **COMPARAR Y CONTRASTAR**
>
> Cuando **comparas** las cosas, buscas las semejanzas que hay entre ellas. Cuando **contrastas** las cosas, buscas las diferencias que hay entre ellas.
>
> **Compara** y **contrasta** los planetas. Busca en la lectura detalles que muestren las semejanzas y las diferencias que hay entre los planetas.

Los planetas y las lunas

Vivimos en la Tierra. La Tierra es un planeta. Un **planeta** es un cuerpo celeste grande de roca o gas en el espacio. Los planetas están en movimiento. La Tierra se está moviendo ahora mismo, pero no puedes sentirlo. Los planetas **orbitan**, o se trasladan alrededor de una estrella. La Tierra es uno de los nueve planetas que orbitan el Sol.

La Tierra tarda un año en orbitar el Sol una vez.

La Luna es más pequeña que la Tierra.

Una **luna** es un cuerpo celeste grande que orbita un planeta. La Tierra tiene una luna que la orbita. La Luna tarda aproximadamente un mes en orbitar la Tierra una vez. Puedes ver la Luna en el cielo nocturno.

 ¿En qué se parece la Luna a un planeta?

El sistema solar

El **sistema solar** es el Sol y los objetos que lo orbitan. El Sol es el centro del sistema solar. La palabra *solar* significa "del sol".

Hay nueve planetas en el sistema solar. Las lunas que orbitan los planetas también forman parte del sistema solar.

Destreza clave **¿Cómo se mueven los planetas en el sistema solar?**

Nueve planetas orbitan el Sol.

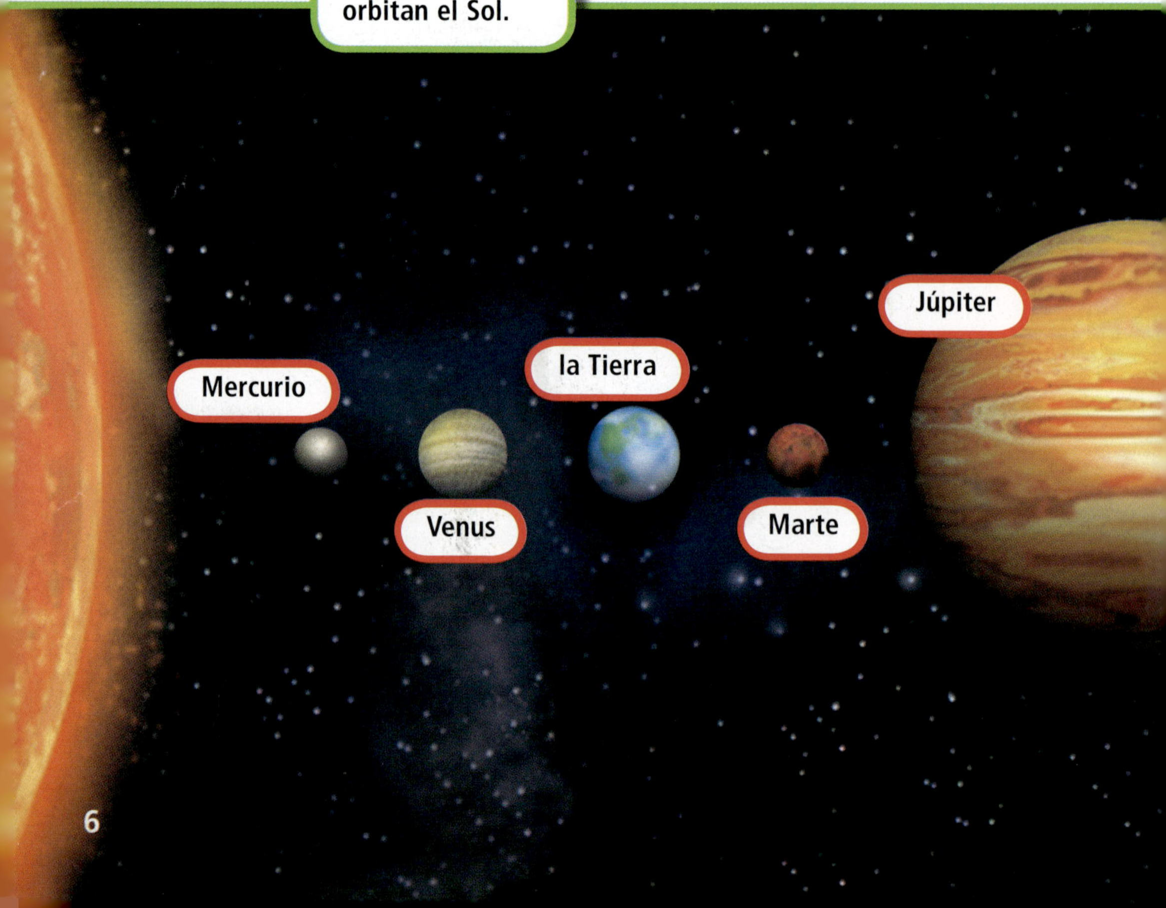

Mercurio
Venus
la Tierra
Marte
Júpiter

Observar el cielo

Un **telescopio** es un instrumento que te ayuda a ver objetos muy lejanos. Los telescopios hacen que las cosas se vean más cercanas y más grandes. Un telescopio te ayuda a ver detalles. Necesitas un telescopio para ver los planetas que están muy lejos.

 ¿Qué diferencia hay entre mirar por un telescopio y mirar a simple vista?

Estas dos personas están usando un telescopio. ▶

Saturno

Urano

Neptuno

Plutón

Los planetas interiores

Hay nueve planetas en el sistema solar. Los cuatro planetas que están más cerca del Sol reciben el nombre de planetas interiores. Los planetas interiores son Mercurio, Venus, la Tierra y Marte.

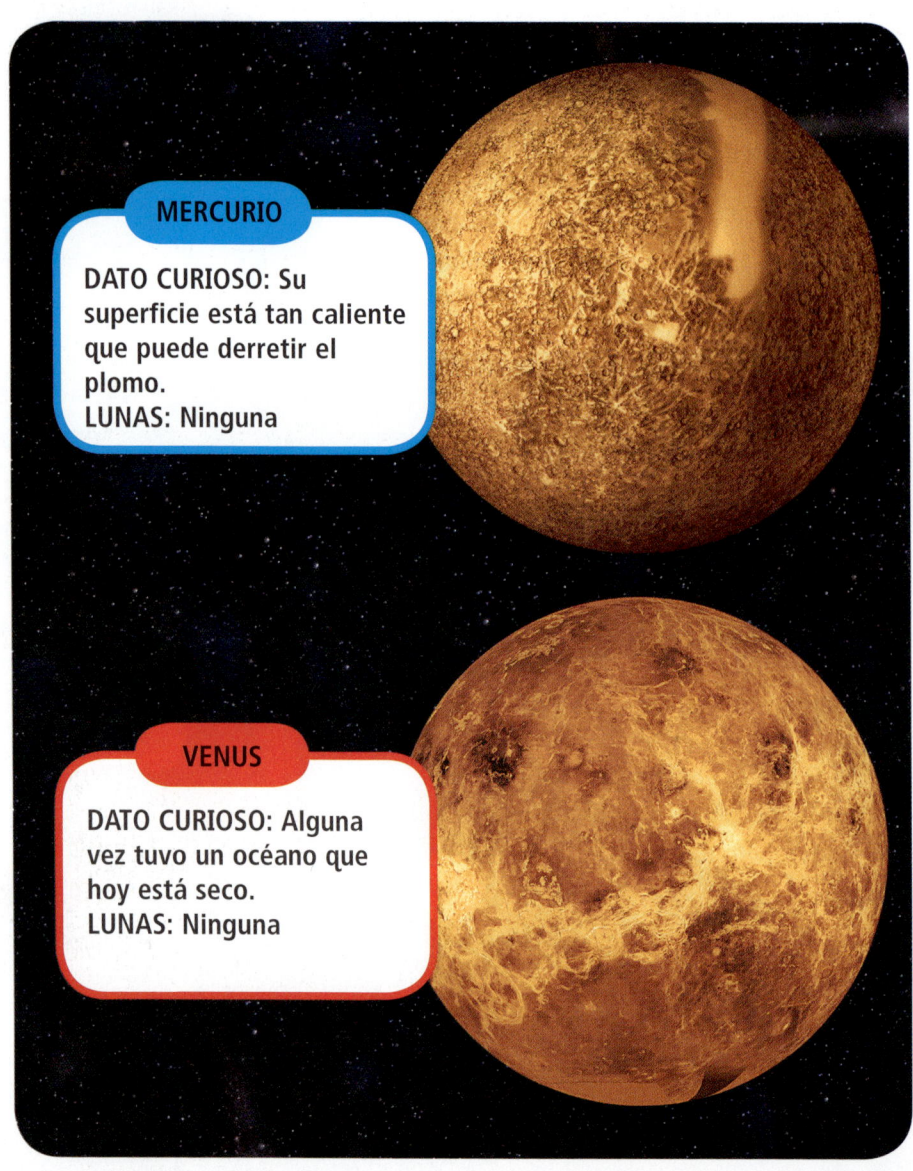

MERCURIO
DATO CURIOSO: Su superficie está tan caliente que puede derretir el plomo.
LUNAS: Ninguna

VENUS
DATO CURIOSO: Alguna vez tuvo un océano que hoy está seco.
LUNAS: Ninguna

TIERRA

DATO CURIOSO: La Tierra es el único planeta que tiene agua.
LUNAS: 1

Todos los planetas interiores tienen superficies rocosas. También son más cálidos que los otros planetas, porque están más cerca del Sol.

 ¿Qué diferencia hay entre la Tierra y los demás planetas interiores?

MARTE

DATO CURIOSO: Marte tiene el volcán más grande del sistema solar.
LUNAS: 2

Los planetas exteriores

Los cinco planetas más alejados del Sol se llaman planetas exteriores. Estos son Júpiter, Saturno, Urano, Neptuno y Plutón. Casi todos ellos son más grandes que los planetas interiores. Excepto Plutón, los planetas exteriores están formados principalmente por gases.

Destreza clave **¿Cuál es una diferencia entre los planetas exteriores y los planetas interiores?**

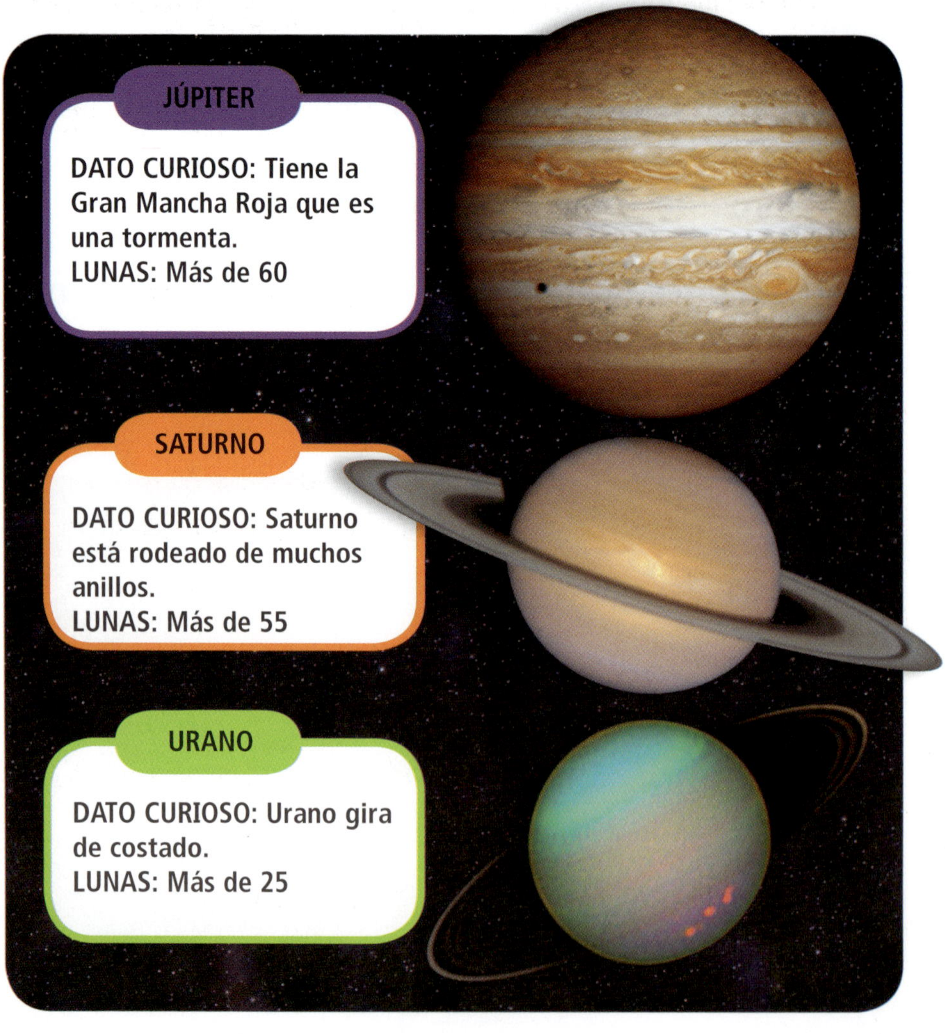
JÚPITER
DATO CURIOSO: Tiene la Gran Mancha Roja que es una tormenta.
LUNAS: Más de 60
SATURNO
DATO CURIOSO: Saturno está rodeado de muchos anillos.
LUNAS: Más de 55
URANO
DATO CURIOSO: Urano gira de costado.
LUNAS: Más de 25

NEPTUNO

DATO CURIOSO: Cuando Plutón cruza la órbita de Neptuno, Neptuno es el planeta más alejado del Sol.
LUNAS: Más de 10

PLUTÓN

DATO CURIOSO: Plutón está formado por hielo.
LUNAS: por lo menos 3

Repaso

Destreza clave

Completa estas oraciones que comparan los planetas.

1. Nueve planetas _____ el Sol.

2. Todos los _____ son cuerpos celestes grandes de roca o gas que viajan alrededor del Sol.

Completa estas oraciones que contrastan los planetas.

3. Los planetas _____ están más cerca del Sol que los planetas _____ .

4. Algunos planetas tienen una o más _____ que los orbitan.

Lección 2

¿Qué patrones siguen la Tierra y el Sol?

VOCABULARIO
rotación
eje
hemisferio norte

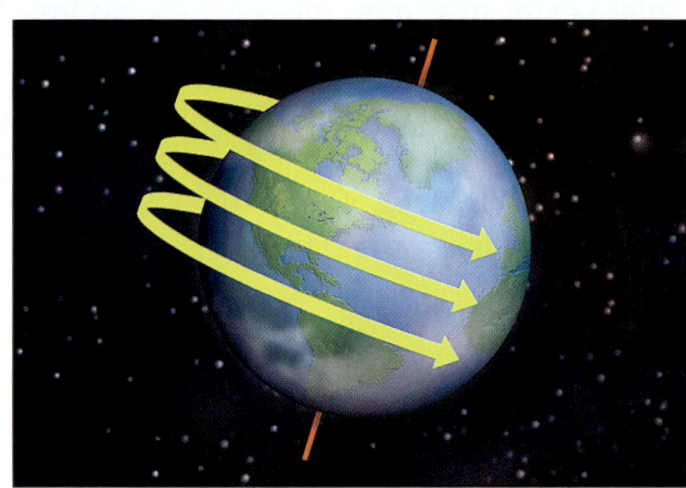

La Tierra está siempre girando. Este movimiento giratorio se denomina **rotación**. Una rotación de la Tierra tarda 24 horas.

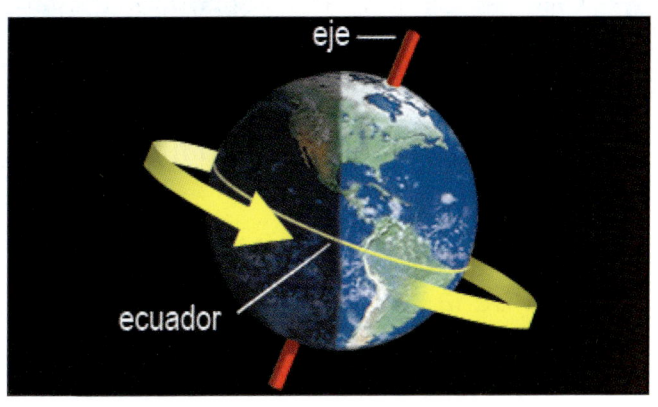

Una línea imaginaria atraviesa la Tierra. La línea va desde el Polo Norte hasta el Polo Sur. Esta línea recibe el nombre de **eje** de la Tierra. La Tierra gira sobre su eje.

El **hemisferio norte** es la mitad norte de la Tierra.

DESTREZA DE LECTURA
CAUSA Y EFECTO

Una **causa** es la razón por la cual algo sucede. Un **efecto** es lo que sucede.

Busca en la lectura los **efectos** de los movimientos de la Tierra.

El día y la noche

La Tierra se mueve de dos maneras. La **rotación** es el movimiento giratorio de la Tierra. Para completar una rotación, la Tierra tarda 24 horas.

La Tierra también orbita el Sol. La Tierra tarda 365 días en orbitar el Sol.

La Tierra está rotando, o girando.

El Sol ilumina solamente el lado de la Tierra que le queda de frente. Por eso tenemos el día y la noche. La parte de la Tierra iluminada por el Sol no es siempre la misma debido a la rotación de la Tierra. Cuando en una mitad de la Tierra es de día, en la otra mitad es de noche.

Destreza clave **¿Qué causa el día y la noche?**

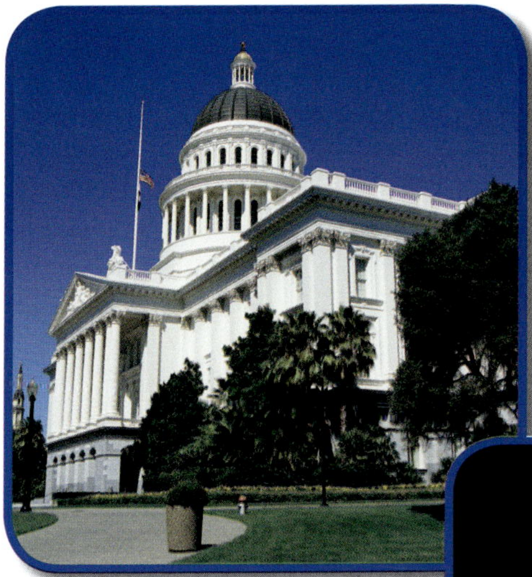

◀ En California brilla el Sol.

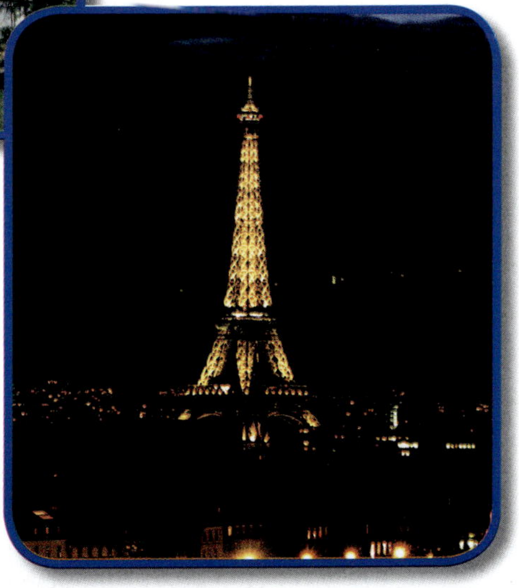

En el mismo momento, es de noche en la otra mitad de la Tierra. ▶

Las sombras cambian

Todos los días, el Sol sale por el este. Luego, el Sol se pone por el oeste. Observa cómo cambia la posición del Sol en las ilustraciones de la página siguiente. Las sombras cambian porque la posición del Sol cambia.

Destreza clave **¿Qué causa que las sombras se alarguen o se acorten?**

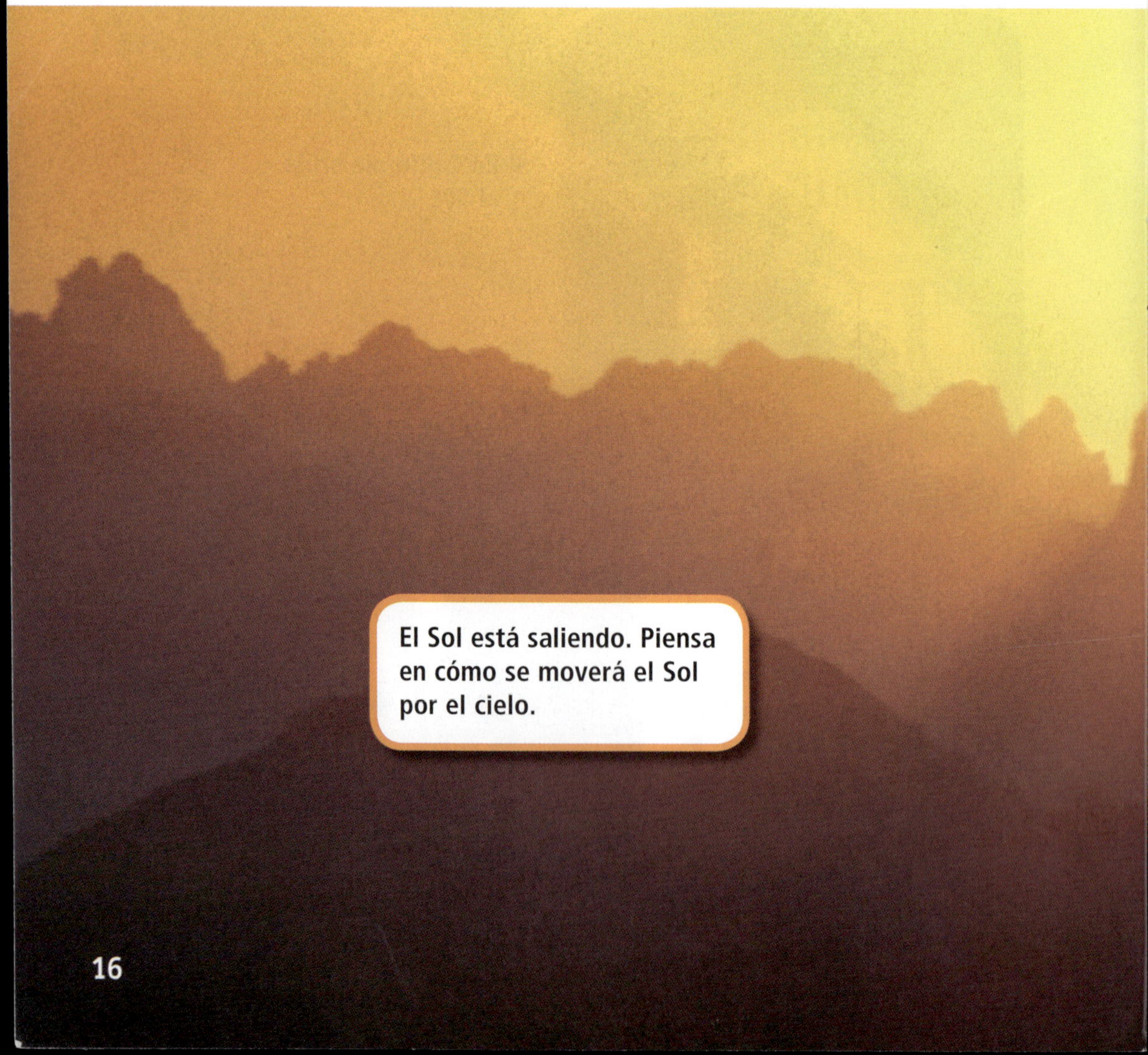

El Sol está saliendo. Piensa en cómo se moverá el Sol por el cielo.

Las sombras nos muestran cómo esta parte de la Tierra ha rotado alejándose del Sol. ▶

Las posiciones del Sol

Una línea imaginaria atraviesa la Tierra. La línea se denomina **eje**. El eje de la Tierra no está derecho sino que se encuentra inclinado hacia el Sol o en dirección opuesta a él. En la parte de la Tierra que está inclinada hacia el Sol es verano. En la parte que está opuesta al Sol es invierno.

California está en el **hemisferio norte**, la mitad de la Tierra que está más cerca del Polo Norte. En el verano, el Sol está más alto en el cielo, así que los días son más largos. En el invierno, el Sol está más bajo en el cielo, así que los días son más cortos.

En el verano, el Sol está más alto en el cielo. ▼

▲ En el invierno, el Sol está más bajo en el cielo.

El hemisferio norte está inclinado hacia el Sol. Ahí es verano. ▶

◀ El hemisferio norte está inclinado en dirección opuesta al Sol. Ahí es invierno.

 ¿Qué diferencia hay entre la posición del Sol en el cielo en el verano y en el invierno?

Repaso

 Completa estas oraciones que nombran una **causa** y su **efecto**.

1. El Sol parece moverse por el cielo a causa de la _____ de la Tierra.

2. La inclinación del _____ de la Tierra causa el invierno y el verano.

Completa estas oraciones con el término que falta.

3. California está en el _____ _____. Esto es la mitad norte de la Tierra.

4. La Tierra _____ el Sol. Tarda 365 días en hacerlo.

GLOSARIO

eje Una línea imaginaria que atraviesa la Tierra desde el Polo Norte hasta el Polo Sur

hemisferio norte La mitad norte de la Tierra

luna Un cuerpo celeste grande que orbita un planeta

orbitar Trasladarse alrededor de un objeto

planeta Un cuerpo celeste grande de roca o gas que orbita una estrella en el espacio

rotación El movimiento giratorio de la Tierra

sistema solar El Sol y los objetos que lo orbitan, incluyendo los planetas y sus lunas

telescopio Un instrumento que hace que los objetos lejanos se vean más cercanos y más grandes